Albert Hinkelbein, Zeit – Maß des Lebens

Albert Hinkelbein

Zeit – Maß des Lebens

Betrachtungen
über Uhren und
ihr Geheimnis

Verlag der Buchhandlung H. Th. Schmidt
Esslingen am Neckar

ISBN 3-922360-05-X

Du selber machst die Zeit,
Dein Uhrwerk sind die Sinnen
Hemmst du die Unruh nur,
So ist die Zeit von hinnen

Angelus Silesius

Geburt und Tod, Freud und Leid, alles hat seine Zeit. Aber die Zeit der Dichter ist nicht die Zeit der Astronomen, die Zeit der Kinder eine andere als die der Greise, die Zeit der Physiker nicht die Zeit, wie wir sie erleben. –
Welche Zeit zeigen die Uhren?

Das Geheimnis der Zeit liegt auch über ihnen. Genügt es da, zu sagen, sie teilen den Tag in Stunden wie der Mond das Jahr in Monate?
Was wird hier geteilt?

Wir haben kein Sinnesorgan für die Zeit. Unsere Sinne zeigen uns immer nur die Gegenwart. Ist uns dann die Zeit als Erscheinung aus Vergangenheit, Gegenwart und Zukunft von der Natur vorgegeben oder schaffen wir sie uns selbst zur Ordnung der Ereignisse?

Welche Rolle spielen dabei die Uhren?

Stunden, Minuten, Sekunden

»Zwölf! Das ist das Ziel der Zeit! Mensch, bedenk die Ewigkeit!« So lautet ein alter Nachtwächterruf.

Warum ist die 12 das »Ziel der Zeit«? Warum zeigen die Zifferblätter der Uhren nicht 10 Stunden – wie es unserem seit dem Altertum gebräuchlichen Zahlen- und Teilungssystem entspräche – sondern enden mit der 12. Stunde, um dann wieder von vorne anzufangen?

Der Ursprung dieser Teilung ist alt, sie ist eine der allerältesten Maßeinteilungen überhaupt. Aus den Zifferblättern unserer Uhren sprechen der Sternenglaube, die Gedanken und Entscheidungen von Menschen, die vor Jahrtausenden gelebt haben. Die Zwölfteilung stammt aus der Zeit von Sumer und Babylon.

In jener fernen Zeit glaubte man, daß der Lauf der Gestirne dem Menschen als Vorbild gesetzt sei. Die Astrologie lehrte, daß das, was der Himmel zeige, bindend für das irdische Leben sei. Was dort im großen geschieht, muß sich hier im kleinen wiederholen, sonst ist unser Leben nicht in Harmonie mit der kosmischen Ordnung. Das aber wäre unheilvoll.

Der Mond durchläuft seine Lichtgestalten von Neumond über den Vollmond zum Neumond 12 Mal im Jahr. Er teilt damit das Jahr in 12 Monate, deshalb mußte der Mensch auch den Tag und die Nacht in je 12 Stunden teilen.

So kam die Zahl 12 auf die Zifferblätter unserer Uhren. Auch die weitere Teilung der Stunde in 60 Minuten stammt aus dem babylonischen Zahlendenken, in dem die 60 als »große Einheit« eine zentrale Rolle gespielt hat. Praktische Bedeutung erhielt die Minute oder gar die Sekunde allerdings erst viel später, als die Uhren Minuten und Sekunden anzeigten.

Das Wort »Uhr« kommt vom lateinischen Wort »hora« für »Stunde«. Diese ursprüngliche Bedeutung wird noch in den Ausdrücken »Wieviel Uhr ist es«? oder »Es ist 10 Uhr« offenkundig. Mit der heutigen Bedeutung des Wortes »Uhr« wäre diese Sprechweise unverständlich.

Das lateinische Wort »hora« kommt aus dem Griechischen und bedeutete ursprünglich allgemein »Zeitabschnitt«, vornehmlich »Jahreszeit«. Auch unsere »Stunde« wird gelegentlich in allge-

Universalsonnenring zur Bestimmung der wahren Ortszeit, unter Berücksichtigung des Monats und des Breitengrades. (Sign.: Johannes Schmidtbaur, Augsburg)

meiner Bedeutung gebraucht, beispielsweise »zu guter Stunde«. Erst bei Aristoteles um 350 v. Chr. taucht das Wort »hora« in der Bedeutung als 12. Teil des Tages und der Nacht auf.

Unser Wort »Stunde« ist althochdeutsch. Minute und Sekunde kommen aus dem Lateinischen. »Pars minuta prima« heißt »erste Unterteilung«, »pars minuta secunda« »zweite Unterteilung«.

Doch nun zu den Uhren, den Geräten, die die Stunden zählen!

Sonnenuhren

Die ältesten Uhren sind die *Sonnenuhren,* bei denen die Sonne selbst das Fortschreiten der Tageszeit anzeigt. Es gab sie schon vor rund 5000 Jahren. Man stellte schattenwerfende Stäbe auf, die später in Griechenland »Gnomone« genannt wurden. Die Länge ihres Schattens zeigte die Stunden an. Auch Obelisken, die ursprünglich ein Sonnensymbol waren, wurden als Schattenzeiger verwendet.

Die Messung der Schattenlänge ist also das älteste Verfahren zur Bestimmung der Zeit. Ein Romeo bestellte damals seine Julia etwa mit folgenden Worten zum Stelldichein: »Wenn dein Schatten 20 Fuß mißt, geliebte Berenike, erwartet dich dein Amasis im Olivenhain.« Die Länge des eigenen Schattens wurde also mit den Füßen abgemessen. Nun ist aber die Länge des Fußes kein standardisiertes Maß und so könnte man denken, diese Art der Zeitangabe sei sehr ungenau. Doch – bei einem Rendezvous ist die Julia auch heute noch oft recht unpünktlich. Aber gar so schlecht war es mit dem Schattenmessen nicht: Wenn Berenike kleiner war als Amasis und infolgedessen einen kürzeren Schatten warf, hatte sie auch kleinere Füße, um ihn zu messen. So glich sich das aus. Es war bekannt, daß die Körpergröße ziemlich genau das Sechsfache der Fußlänge beträgt.

Das Schattenmessen kam erst spät, als es schon längst andere Uhren gab, außer Gebrauch. Noch im 17. Jahrhundert gab es umfangreiche wissenschaftliche Abhandlungen über das Schattenmessen, denn die Schattenlänge wechselt mit den Jahreszeiten und ist daher nicht einfach zur Stundenanzeige zu verwenden. Seit dem späten Mittelalter wurde der Schattenstab nicht mehr senkrecht, sondern in Richtung der Erdachse gestellt, er hieß dann

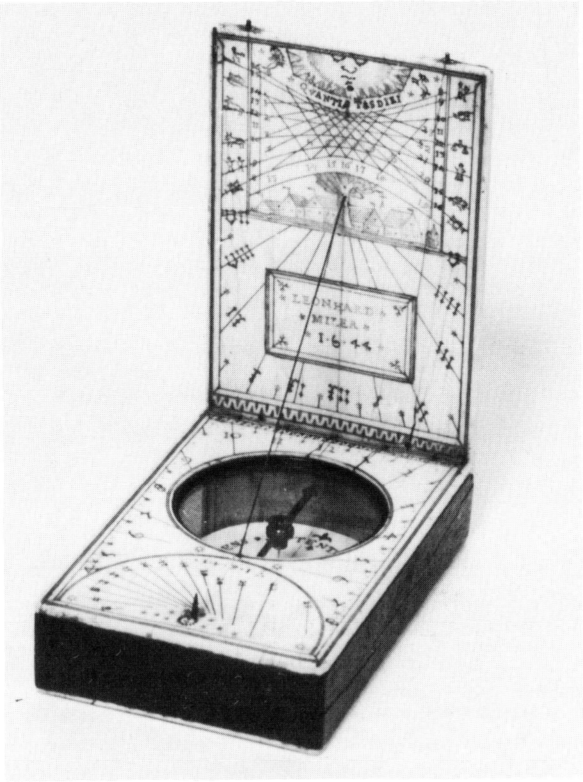

Elfenbeinerne Taschensonnenuhr mit Kompaß. (1644)

»Polos«. Nun bestimmte nicht mehr die Länge, sondern die Richtung des Schattens die Stunde; dies ergab eine einfachere Stundenanzeige.

Eigentlich ist es auch eine Sonnenuhr, wenn in den Alpentälern vereinzelt Bergspitzen als Schattenzeiger oder als Marken für den Sonnenlauf genommen werden. Sie heißen dann je nachdem »Zehnerkopf«, »Elfer- und Zwölferkogel«, »Mittagspitz«, »Einser« oder so ähnlich. Wenn die Sonne über ihnen steht, sagen ihre Namen die Stunde an.

Uhren hatten schon immer etwas an sich, das die Erbauer reizte, sie kunstvoll und kostbar zu verzieren – aber nicht nur das, sie verwendeten viel Erfindungsgabe und ausschweifende Fantasie an die Art der Stundenanzeige. Dies begegnet uns ganz besonders bei den späteren Räderuhren; doch auch schon bei den stillen, bescheidenen Sonnenuhren gab es geradezu geniale und auch kuriose Erfindungen. Es wird von einer berichtet, bei der das Sonnenlicht durch eine Glaskugel wie durch ein Brennglas gesammelt wurde. Auf den Weg, den das kleine Sonnenbildchen im Verlauf der Stunden beschrieb, setzte man an den entsprechenden Stellen kleine Schießpulverhäufchen. Diese verpufften, wenn das heiße Sonnenbildchen sie berührte und trieben Hämmerchen gegen kleine Glocken. Das war sozusagen eine Pulveruhr.

Es gab auch tragbare Sonnen-Taschenuhren mit Lot und Kompaß zur Einstellung des Polos. Solche Uhren wurden noch um 1900 von den französischen Eisenbahnern zur Kontrolle ihrer Taschen- und Bahnhofsuhren verwendet.

Man könnte sagen, daß die Sonnenuhren immer erst bei Sonnenaufgang zu laufen anfangen und bei Sonnenuntergang stehen bleiben. Da der Tag und die Nacht in jeweils 12 Stunden zu teilen waren, zählte man die 12 Stunden nicht wie wir von Mitternacht bis Mittag und weiter, sondern die Tagesstunden von Sonnenaufgang bis Sonnenuntergang und die Nachtstunden von Sonnenuntergang bis Sonnenaufgang. Die erste Tagesstunde begann daher bei Sonnenaufgang, mittag war um die 6. Stunde, die 9. Stunde war am Nachmittag und die 12. bei Sonnenuntergang. Da die Tage im Sommer länger sind als im Winter, waren auch die Tagesstunden im Sommer länger als im Winter. Mit den Nachtstunden war es umgekehrt. Uns erscheinen diese sogenannten »Temporalstunden« nicht nur ungewohnt, sondern auch umständlich. Umständ-

Mittagskanone, Sonnenuhr auf einem Marmorsockel, bei der das Brennglas zur Mittagsstunde einen Pulversatz zündet. (Frankreich, nach 1800)

lich waren sie wohl, dafür aber viel lebendiger als unser starres Stundensystem. Sie haben damals geradezu mit den Jahreszeiten geatmet.

Diese Regelung verschwand erst, als die Räderuhren kamen, da diese nur gleich lange Stunden anzeigen können.

Wenn die Stundenzählung wie bei uns um Mitternacht beginnt, ist der Datumswechsel kein Problem, da er mitten in die Nacht fällt. Wie aber war das früher?

Im Altertum wurde ursprünglich der Beginn eines neuen Monats durch Himmelsbeobachtung festgestellt. Er begann, wenn der Neumond am Himmel erschien. Da dies immer am Abendhimmel bei Sonnenuntergang geschieht, begann der Kalendermonat und damit auch der Kalendertag bei Sonnenuntergang; nach unseren Begriffen also am Vorabend. Darum heißt es in der Genesis: »Da ward aus Abend und Morgen der erste Tag.« Dies wirkt sich noch heute darin aus, daß wir das Weihnachtsfest am Vorabend zu feiern beginnen und daß die vorösterliche Fastenzeit am Karsamstag bei Sonnenuntergang endet.

Später gab es keine Einheitlichkeit: dort begann der Kalendertag mit dem Sonnenuntergang, hier mit dem Sonnenaufgang, anderswo um Mitternacht. Erst das Zeitalter der Eisenbahnen erzwang die heutige einheitliche Regelung.

Hie und da sieht man auch heute noch Sonnenuhren. Sie dienen aber nicht wirklich als Uhren, sondern sind nur ein interessantes und reizvolles Schmuckstück im Garten oder an der Hauswand. Da es sie noch gibt, seien ein paar Worte zu ihren Besonderheiten gesagt.

Sie zeigen die »wahre Sonnenzeit« an. Diese weicht aber erstens je nach der geographischen Länge des Standortes ganz erheblich von der Mitteleuropäischen Zeit, nach der wir unsere Uhren stellen ab, zweitens läuft sie auch in sich ungleichmäßig. Sie geht einer gedachten gleichmäßig laufenden »mittleren« Sonnenzeit bis zu einer Viertelstunde bald vor, bald nach; denn die Sonne, die ja der Zeitgeber der Sonnenuhr ist, läuft auf ihrer Jahresbahn bald schneller und bald langsamer. Dies wirkt sich in der Anzeige der Sonnenuhr aus. Die Sonnenzeit ist also nicht etwas Starres, maschinenmäßig Laufendes, sondern etwas sehr Lebendiges und fügt sich nicht in das tote Schema unserer gleich langen Stunden. Eine Sonnenuhr zeigt darum selten die gleiche Zeit wie unsere Taschenuhr.

Sonnen- und Räderuhr Kloster Bebenhausen. Die Sonnenuhr geht eine viertel Stunde nach.

Wasser- und Sanduhren

Der Schatten zeigt nur am Tag und bei klarem Wetter die Zeit. Sicher hat man daher schon bald nach einer sonnenunabhängigen Zeitanzeige gesucht. Die älteste Uhr dieser Art war die *Wasseruhr*. Sie bestand aus einem Wassergefäß, das am Boden eine kleine Auslauföffnung hatte, durch die das Wasser ausrann. Das Fortschreiten der Zeit wurde durch das Absinken des Wassers in dem Gefäß gemessen. »Die Zeit verrinnt« und »die Zeit ist abgelaufen« sagen wir noch heute in unbewußter Erinnerung daran.

Solche Uhren gab es etwa ab 1700 v. Chr. Die älteste, erhaltene ist ein etwa 35 Liter fassender Eimer oder Kübel, der in Ägypten gefunden wurde und aus der Zeit um 1500 v. Chr. stammt. Er ist aus Alabaster und außen mit den Bildern des Pharao, der Götter und Göttinnen sowie verschiedener Sternbilder geschmückt. Innen sind die 12 Monate eingraviert und darunter 12 Skalen, an denen der Wasserspiegel die Stunden anzeigte.

Einfallsreiche Inder erreichten auf dem umgekehrten Weg das Ziel: sie setzten kupferne Halbkugeln ins Wasser, die sich durch ein kleines Loch im Boden füllten. Hier zeigte das einsickernde Wasser die Zeit an. In Griechenland gab es die Klepsydra – das bedeutet etwa »Wasserdieb«. Bei Prozessen wurden im alten Athen die Redner vom Staat nach ihrer Redezeit bezahlt. Da aber die Athener nicht nur eine recht streitsüchtige, sondern auch sehr redselige Gattung Mensch waren, befeuerte sie diese Regelung zu besonders langen und weitschweifigen Ausführungen. Der Satz »Zeit ist Geld« stammt ursprünglich daher. Als den Staat diese Reden zu teuer kamen, wurde die Klepsydra als Redebremse bei Gericht eingeführt.

Doch sehr schnell nutzten findige Advokaten die Chance, den Wasserwächter zu bestechen, damit er nachfüllte, wenn sie noch weiterreden wollten.

Wie die Sonnenuhren, so wurden auch die Wasseruhren schön verziert und mit einer kunstvollen Stundenanzeige versehen. Der »Turm der Winde« auf der römischen Agora in Athen war so etwas wie die Normaluhr der Athener. Der achteckige Bau aus Marmor war mit Sonnenuhren ausgestattet und mit Reliefbildern der Windgötter geschmückt, die die acht Windrichtungen versinn-

Altägyptische Auslaufuhr aus der Zeit des Königs Amenophis III, etwa 1415–1380 v. Chr., Höhe 35 cm. Das Gefäß hing in einem Gestell, aus dem Boden sickerte das Wasser.

bildlichten. Im Inneren befand sich eine Wasseruhr, die die Stunden am Wasserstand in den einzelnen Röhren anzeigte.

Den Marktplatz zu Gaza zierte eine sechs Meter hohe und zweieinhalb Meter breite Uhr. In einer Nische stand eine bewegliche Herkulesstatue, die mit einer Keule auf einer Metallplatte die Stunden anschlug. Im Giebelfeld trug das Uhrenhaus ein Gorgonenhaupt, das bei jedem dieser Stundenschläge die Augen rollte. Zur Anzeige der Zeit gab es zwei Reihen von Türchen: Die obere Reihe gab die Nachtstunden an, die untere die Tagesstunden. Ein Licht kreiste und beleuchtete alle nacheinander. Auf jedem dieser Türchen saß ein Adler, der bei jedem Stundenschlag seine Schwingen nach vorn stieß und dadurch seines öffnete. Dahinter erschien ein Herkules, der nach der griechischen Sage zwölf Arbeiten hatte verrichten müssen. Die Trophäen dieser Arbeiten wurden nacheinander den Zuschauern in den 12 Türchen gezeigt.

Wasseruhren gibt es heute nicht mehr. Ihr Erbe wurde von den *Sanduhren* angetreten. Sie waren im Altertum nicht bekannt und tauchten im 14. Jahrhundert überall auf, ohne daß man Näheres über ihre Erfindung wüßte. Sie haben gegenüber den

Wasseruhren den Vorteil, daß sie bei der Kälte in den nördlichen Ländern nicht einfrieren, aber den Nachteil, daß sie nur zur Anzeige kürzerer Zeitabschnitte geeignet sind.

Alle Durch- oder Auslaufuhren scheinen etwas an sich zu haben, was sich zur Einhaltung einer Redezeit anbietet; denn wie im alten Griechenland die Klepsydra, so bremste im Mittelalter die Sanduhr die Redefreudigkeit der Anwälte vor Gericht. Sie stand in vierfacher Ausfertigung für eine viertel, halbe, dreiviertel und eine ganze Stunde auch auf den Kanzeln, um den Pfarrer zu ermahnen, daß er schon viel zu lange predige. Heute dient sie zur Beobachtung der Gesprächsdauer beim Telefonieren.

Kaum eine andere Uhr als die Sanduhr zeigt so augenscheinlich das unaufhaltsame Verrinnen der Zeit und erinnert dadurch ständig an das nahende Ende. So wurde die Sanduhr das Emblem des Todes, das uns eindringlich an die Begrenzung des Lebens mahnt.

Sie hat aber auch eine erfreulichere Seite: in den Händen der Hausfrau hilft sie, Eier richtig wachsweich zu kochen.

Kanzeluhr – Sanduhr mit vier Gläsern, für 1/4, 1/2, 3/4 und eine Stunde.

Andere alte Uhren

Wasser- und Sanduhren unterscheiden sich technisch nicht wesentlich. Es gab aber auch ganz andere Verfahren, die Zeit zu messen: Zum Beispiel die chinesische *Feueruhr.* Bei ihr wurde das langsam fortschreitende Glimmen eines Räucherstäbchens genützt. Das Stäbchen lag in einer langen, schmalen Mulde, über die quer in passenden Abständen mit Gewichten beschwerte Fäden gelegt waren. Erreichte die Glut einen solchen Faden, so brannte er durch, die Gewichte fielen in eine klingende Schale und zeigten die Zeit an.

Einem ähnlichen Gedanken entsprang die *Kerzenuhr* König Alfred des Großen von England. Im englischen Winter fallen Sonnen- und Wasseruhren oft aus. Der König kam auf den Gedanken, das Niederbrennen der Kerzen in seiner Kapelle zur Zeitmessung zu verwenden. Er stellte fest, wie lange eine Kerze brannte, ließ sich viele gleiche Kerzen gießen und versah sie mit entsprechenden Teilstrichen. Nun brannten in seiner Kapelle Tag und Nacht diese Kerzen. Sie dienten nicht nur als

Symbol des göttlichen Lichtes, sondern zeigten auch gleichzeitig die Zeit.

Auch mit dem Verbrennen von Öl in besonderen Lämpchen wurde die Zeit gemessen. So entstand die *Öl-Uhr*.

Ein Überbleibsel aus der Zeit der Feueruhren ist es, wenn wir jemanden »auf eine Zigarettenlänge« besuchen – eben so lange wie eine Zigarette brennt.

Wieder eine andere Art, die Zeit zu bestimmen, war die *Psalmenuhr*. In den mittelalterlichen Klöstern mußte zu diesem Zweck ein Mönch die ganze Nacht hindurch Psalmen beten. Im Jahre 575 unternahm es Gregor von Tours, die Psalmenuhr verbindlich festzulegen. Er rechnete für einen Psalm 4 bis 5 Minuten und versah eine Tafel der Sternaufgänge mit den Zahlen der Psalmen, die zur Bestimmung der jahreszeitlich veränderlichen Temporalstunden zu beten waren. So konnte der Mönch seine Brüder rechtzeitig zur Mette wecken.

Auch diese Art der Zeitmessung reicht fast bis in unsere Tage: In den Kochbüchern unserer Großmütter standen noch Zeitangaben in Vaterunserlängen.

Zeitmessen war immer so wichtig, daß sogar

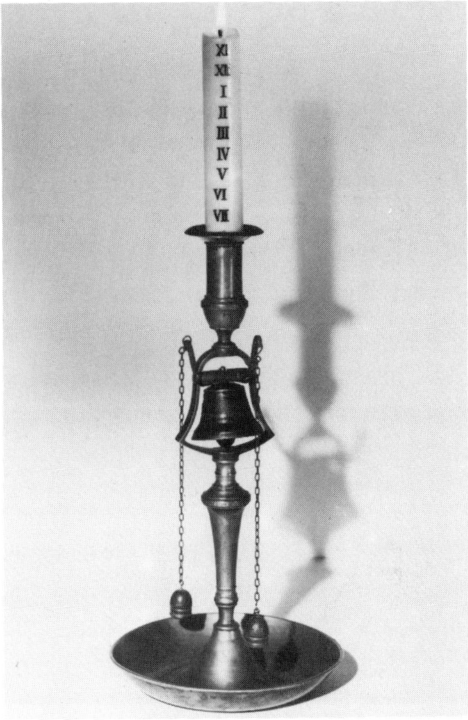

Kerzenuhr. Die brennende Kerze ist mit Stundenmarken versehen. An einer Nadel hängt ein Gewicht, das beim Annähern der Flamme in die Schale fällt und durch die Kette ein Glöckchen betätigt.

Tiere als Zeitgeber angesehen wurden. Im alten China will man die Zeit an der Pupillenbreite der Katzenaugen abgelesen haben, eine Kunst, die auch die Bauern in Graubünden beherrscht haben sollen; nur haben sie dafür in die Augen ihrer Ziegen geschaut. Man darf das mit Recht bezweifeln. Sicher aber ist, daß der erste Hahnenschrei ein sehr urtümliches Zeitzeichen war, das heute noch funktioniert. Wir richten zwar unsere Uhren nicht nach ihm, aber im Altertum und bis weit ins Mittelalter diente er als Signal, daß Mitternacht vorüber und der Morgen nahe sei. Erst krähte er im griechischen Heer die Stunde der Wachablösung aus, dann tat er das gleiche im römischen Heer und drang so in alle römischen Provinzen vor. Den Seefahrern war er unentbehrlich und begleitete Columbus, Pizarro, Cortez und viele andere auf ihren Entdeckungsfahrten.

In ländlichen Gebieten schreckt er noch heute schlafsüchtige Feriengäste aus dem Schlaf, eine Bosheit, zu der ansonsten nur unsere *Weckeruhr* fähig ist. Platon soll sie erfunden haben. Der Wert der unwiederbringlich entfliehenden Zeit stand ihm so hoch, daß er lieber auf den Schlaf verzichtete, um mehr Zeit zum Forschen und Philosophieren zu haben.

Es existierten unausstehliche Wecker: einer zum Beispiel betätigte eine Nadel, die durch die Matratze den friedlich Schlafenden piekste bis er aufwachte. – Ein anderer besorgte das freundlicher, zur Weckzeit schlug dieses Gerät mit Feuerstein und Lunte Feuer und zündete eine Kerze an. – Heute werden wir durch klingeln, schnarren, rasseln, piepsen oder auch mit Radiomusik geweckt.

Damit sind wir schon in den Bereich der Räderuhren geraten, vor deren Betrachtung wir uns ein paar Gedanken darüber machen sollten, was Uhren messen: die Zeit.

Diese Uhr schlägt zur Weckzeit mit Stahl und Feuerstein Funken und zündet so eine Kerze an.

Was ist Zeit?

Wenn die Physiker sagen, Zeit sei das, was die Uhren messen, so ist damit unsere Frage nicht beantwortet. Auch die anderen Aussagen, die wir bei Physikern finden, scheinen von etwas anderem zu reden als wir meinen. Zum Beispiel: die Zeit sei nicht etwas kosmisch Universelles, sondern laufe in rasch gegeneinander bewegten Systemen verschieden schnell. Oder: zwischen Zeit und Raum gebe es gar keinen Unterschied, es sei denn, unser Bewußtsein bewege sich an der Zeit entlang. Oder: Zeit gebe es in der Realität gar nicht, es existierten nur Geschwindigkeiten. Dies alles sind zwar Aussagen über die Zeit, wie sie in den Formeln der Physik auftritt, erhellen aber nicht, was die »Zeit an sich« ist.

Die Antwort darauf ist, wie bei allen Grundfragen unserer Erkenntnis alles andere als einfach; die Philosophen, an die wir uns nun wenden wollen, haben sich in allen Generationen damit abgemüht. Man merkt dies schon der klassischen Definition des Aristoteles an: »Zeit ist das Maß der Veränderung nach dem Vorher und Nachher«. Augustinus gesteht diese Mühe offen ein. Auf die Frage: »Was ist die Zeit?«, sagt er: »Wenn mich niemand fragt, weiß ich es. Wenn ich es aber einem, der mich fragt, erklären sollte, weiß ich es nicht.«

Vielleicht gibt uns die Herkunft des Wortes »Zeit« einen Hinweis. Das Wort »Zeit« stammt aus der gleichen sprachlichen Wurzel wie das Wort »teilen«, »zerteilen«. Die Zeit ist also etwas Teilendes, etwas, das den Tag, den Monat, das Jahr in Abschnitte teilt. Dem entspräche auch die erste, modernen Anschauungen nahekommende Antwort, die von Nikolaus von Cusa (um 1450) stammt: »Zeit ist ein Werkzeug des messenden Verstandes.« Damit befinden wir uns ganz in der Nähe von Kant, der die Zeit als »apriorische Anschauungsform« definiert. Demnach wäre die Zeit ein vom menschlichen Bewußtsein über das Geschehen gelegtes Ordnungsschema, ein Hilfsmittel, das wir brauchen, um uns in der Realität zurechtzufinden. Sie wäre dann keine Erscheinung der Wirklichkeit, zumindest wäre sie in dieser Form dort nicht zu finden.

Diesen Gedanken spricht auch Angelus Silesius in seinem bewegenden Zweizeiler aus:

»Du selber machst die Zeit, dein Uhrwerk sind

Astrolabium. Gerät zur Bestimmung der Gestirnhöhe und der Zeit. (Persien, 18. Jahrhundert)

die Sinnen; hemmst du die Unruh nur, so ist die Zeit von hinnen.«

Beschließen wir die Liste der Definitionen!

Wenn aber die Zeit eine menschliche Art ist, die Realität zu erleben, so liegt der Gedanke nahe, daß es auf den verschiedenen Stufen der Bewußtseinsentfaltung verschiedene Anschauungen von der Zeit gegeben haben könnte.

Tatsächlich lassen die frühesten Zeugnisse, die wir vom Menschen haben, vermuten, daß diese Menschen damals keinen Sinn für das Verfließen der Zeit hatten; daß ihnen die Ereignisse unzusammenhängend, isoliert, nicht aufeinanderfolgend erschienen, jedenfalls nicht in einer klaren zeitlichen Ordnung. Ihr Zeiterleben könnte Ähnlichkeit mit unserem Zeiterleben im Traum gehabt haben.

Auf einer späteren Bewußtseinsstufe empfand der Mensch die Zeit als etwas Kreisendes, sich in geheimnisvoller Weise Wiederholendes, ja als etwas buchstäblich Wiederkehrendes, also noch nicht wie wir als etwas geradlinig Fortschreitendes. Der kommende Frühling war damit die Wiederkehr des vorjährigen Frühlings. Dies mag uns bei einer Jahreszeit noch verständlich sein, es galt aber auch für Ereignisse, die sich nach unseren Begriffen nicht wiederholen. So wurde die Auferstehung Christi mit der Erschaffung der Welt gleichgesetzt. Da der erste Schöpfungstag ein Sonntag war, wird die Auferstehung Christi am Sonntag gefeiert. So wurde der Sonntag zum Wochenfeiertag der Christen im Unterschied zum Sabbath der Juden. Ein Rest der früheren Auffassung ist es auch, daß die Feier des Herrenmahls in der katholischen Messe nicht etwa als ein Nachvollzug, eine Wiederholung oder eine Darstellung, sondern als tatsächliche Wiederkehr, als Vergegenwärtigung des historischen Gründonnerstagsgeschehens gilt.

Demgegenüber empfinden wir Heutigen die Zeit bei aller Begrenztheit unseres eigenen Lebens als unwiederholbar, nie wiederkehrend aus unendlicher Vergangenheit über die Gegenwart in eine unendliche Zukunft fortschreitend.

Der Kulturphilosoph Jean Gebser und der Jesuitenpater Teilhard de Chardin haben die Ansicht vertreten, daß es bei dieser Auffassung der Zeit nicht bleiben werde, sondern daß sich gerade in unserer Gegenwart eine andere, tiefere Auffassung der Zeit entfalte, so ähnlich wie im 14. Jahrhundert der Raum in seiner ganzen Weite und Tiefe perspektivisch erfahren wurde, nachdem er vorher nur als von Wänden umschlossen gesehen wurde.

Worum es bei diesem neuen Zeitbegriff gehen mag, ist für uns sehr schwer vorstellbar, weil wir noch dem bisherigen Zeitbegriff verhaftet sind. Vielleicht geben uns ein paar Beispiele einen Begriff davon, wie man sich dies denken könnte.

Es wurde berichtet, daß Menschen in unmittelbarer Todesgefahr ihr ganzes bisheriges Leben in einem Augenblick überschauten, daß sie also etwas zeitlich weit Ausgedehntes mit einem Blick vor sich sahen. Von Mozart ist überliefert, er habe seine Musik »simultan« erfaßt, also so wie wir ein Bild mit einem Blick erfassen können. Man hätte sich das neue Zeitempfinden vielleicht als eine Vergegenwärtigung der Zeit zu denken.

Hier ist der Ort, um eine uns recht sonderbar anmutende Definition der Zeit nachzutragen. »Zeit ist eine Erfindung, um zu verhindern, daß alles auf einmal geschieht.« So etwas könnte Mozart über seine Art, Musik zu hören, gesagt haben.

Und schließlich gibt es ein Wort von Hölderlin, das vielleicht in gleichem Sinn zu verstehen ist: »Denn siehe! es ist der Abend der Zeit, die Stunde, wo die Wanderer lenken zur Ruhstatt. Es kehrt bald ein Gott um den andern heim ... Darum sei gegenwärtig!«

Michael Ende entwirft in seinem Märchen-Roman »Momo« folgendes Bild: »Die Zeit ist etwas, was es gibt, das ist jedenfalls sicher. Aber anfassen kann man es nicht. Und festhalten auch nicht. Vielleicht ist sie so etwas wie ein Duft? Aber sie ist immer auch etwas, das immerzu vorbeigeht. Also muß sie auch irgendwo herkommen. Vielleicht ist sie so etwas wie der Wind? Oder nein, jetzt weiß ich's. Vielleicht ist sie eine Art Musik, die man bloß nicht hört, weil sie immer da ist. Obwohl, ich glaub, ich hab sie schon manchmal gehört, ganz leise. –

Aber es muß noch etwas anderes dabei sein, die Musik ist nämlich von weit her gekommen, aber geklungen hat sie ganz tief in mir drin. Vielleicht ist es mit der Zeit auch so?«

Wenn man es kritisch betrachtet, zeigen die Uhren recht wenig, jedenfalls nicht das für uns Wesentliche der Zeit. Was sie zeigen, ist nicht viel mehr als die Seitenzahl im Buch des Lebens, in dem das steht, was gerade gegenwärtig geschieht. Das Wesentliche ist aber nicht die Seitenzahl, es steht im Text, und der ist das, was wir erleben.

Aber auch die Form, in der wir die Zeit erleben,

Eiserne Kirchturmuhr mit Spindelhemmung und langem Pendel, Stunden- und Viertelstundenschlagwerk. (Alt-Breysach, 1775)

die subjektive Zeit, ist nicht in den Griff zu bekommen.

Im Rosenkavalier philosophiert die Marschallin: »Die Zeit, die ist ein sonderbar Ding. Wenn man so hinlebt, ist sie rein gar nichts. Aber dann, auf einmal, da spürt man nichts als sie.« Sie ist nicht nur ein sonderbares, sondern ein höchst paradoxes Ding.

Wenn wir voll Erwartung auf ein beglückendes Ereignis sind, schleichen die Stunden unerträglich langsam dahin; ist dann das Glück da, laufen sie – wie schon Plinius der Jüngere gesagt hat – um so schneller, je glücklicher wir sind. Steht aber ein Unheil vor uns, so rennen sie mit schrecklicher Geschwindigkeit darauf zu; leiden wir Schmerzen, so dauert eine Stunde eine Ewigkeit. Ist sie prall voller Erlebnisse, vergeht sie wie nichts, dehnt sich aber in der Erinnerung zu langer Dauer; geschieht in ihr nichts, so dehnt sich die Langeweile ins Endlose, schrumpft aber in der Erinnerung zu nichts zusammen.

Kann man so etwas überhaupt messen?

Ein antikes Wort sagt: »Was man gemessen hat, kann man nicht mehr verlieren.« Gilt dies auch für die Zeit? Ist es nicht viel eher so, daß man erst dann

Zeit verlieren kann, wenn man Uhren hat? Daß wir gerade um so weniger Zeit haben, je vollkommener unsere Uhren sind?

Ist also das, was wir messen, überhaupt die Zeit? Man könnte eher sagen, unsere Uhren legen ein totes Raster auf etwas sehr Lebensvolles mit allen Zwängen und Widersprüchen, die sich daraus ergeben.

Auch wir selbst verhalten uns der Zeit gegenüber nicht sehr konsequent. Wir klagen immer, daß wir zu wenig Zeit haben; wenn wir aber Zeit haben, schlagen wir sie nicht häufig tot oder vertreiben sie?

Räderuhren

Ende des 13. Jahrhunderts wurden die *Räderuhren* erfunden, die erst in unseren Tagen von den Quarzuhren abgelöst werden. Die Räderuhren zählten zuerst die Schwingungen eines unruheähnlichen Drehbalkens und erst später die Schwingungen eines Pendels oder des kleinen Unruherädchens in unseren Kleinuhren. Sie hatten zunächst weder

Astronomische Uhr des Verfassers. Sie zeigt auf dem mittelgroßen Zifferblatt die Uhrzeit in 24-Stunden-Teilung, den wahren Mittag, den Sonnenauf- und -untergang und damit die Tag- und Nachtlänge.
Das kleine Zifferblatt zeigt den Mond in Phase sowie die Zeit seines Auf- und Unterganges.
Die große Sternkarte zeigt den Sternhimmel mit Sonne, Mond und den Planeten Merkur, Venus, Mars, Jupiter und Saturn in ihrer Stellung am Himmel.
Das linke obere Zifferblatt zeigt das Datum und den Wochentag und das untere, in welchem Tierkreiszeichen Sonne und Mond stehen, sowie Sonnen- und Mondfinsternis (wie es auf Seite 60 für die Esslinger Rathausuhr beschrieben ist.)

Zifferblatt noch Zeiger, sondern waren »Türmeruhren«, die den Türmer durch Weckzeichen mahnten, die Stundenzahl an der Glocke zu schlagen. Angehängte automatische Schlagwerke gab es erst etwa 100 Jahre später.

Die Erfindung der Räderuhr war ein tiefer Einschnitt in die Zeitordnung. Sie ersetzte die jahreszeitlich veränderlichen Temporalstunden der Antike, die zugleich die kanonischen Stunden der Kirche waren, durch die gleichlangen modernen Stunden, die seither unsere Zeit teilen.

Diese Umstellung bereitete mancherlei Schwierigkeiten. Das heute noch bestehende Hauptproblem war eine Frage, die bei Sonnenuhren überhaupt nicht auftritt: »Auf welche Stunde sollen wir unsere Uhren stellen? Wer gibt uns die richtige Zeit?«

Ursprünglich stellte man die Räderuhren unter Beachtung bestimmter Regeln nach der Sonnenuhr, wie es die französischen Eisenbahner noch zu Anfang unseres Jahrhunderts gemacht haben. Mit Ausbreitung des Eisenbahnverkehrs genügte dies nicht mehr; denn die Sonnenuhren zeigen die wahre Ortszeit und diese ist, wie schon erwähnt, von Ort zu Ort verschieden. Man führte telegraphische

Zeitzeichen ein, nach denen die Bahnhofsuhren gestellt wurden. Maßgebend wurde zuletzt die Ortszeit von Greenwich, bzw. für uns die im Jahre 1883 eingeführte Mitteleuropäische Zeit, die gegenüber der Zeit von Greenwich eine Stunde vorgeht.

Unsere häuslichen und Taschenuhren stellen wir nach der Bahnhofsuhr oder nach der Zeitansage im Radio. Woher aber wissen diese, woher weiß Greenwich die richtige Zeit?

Sie bekommen sie von den Sternwarten, zu deren wichtigsten Aufgaben der »Zeitdienst« gehört.

Obwohl die Sonne unsere eigentliche Zeitgeberin ist, richten sich die Sternwarten nicht nach ihr. Sie läuft, wie schon bei den Sonnenuhren erwähnt, ziemlich ungleichmäßig und eignet sich darum nicht für eine einfache und sekundengenaue Zeitbestimmung. Man hält sich stattdessen an den gleichmäßig umlaufenden Sternhimmel, wo eine Anzahl von Sternen ausgewählt wurde, deren Stellung am Himmel genauestens vermessen ist. Die Sternwarten stellen mit einem eigens für diesen Zweck gebauten Fernrohr – dem Meridianinstrument – den Augenblick fest, an dem ein solcher Stern im Verlauf der täglichen Umdrehung des Himmels den

Kleine Tischuhr mit Etagenanordnung von Spindelgeh-, Wecker- und Schlagwerk in einem Bergkristallzylinder. Oberer Abschluß ist das sich drehende Zifferblatt. Der obere Zylinder liefert eine Wochenanzeige. (Frankreich, um 1560)

Meridian passiert – also genau im Süden steht. Damit kontrollieren sie eine genau gehende Uhr, wie sie jede Sternwarte haben muß, und geben von dieser die Zeit mittels Zeitzeichen weiter.

Die Erfindung des Schlagwerkes regte zum Bau anderer Mechanismen an, die man an die Uhr anhängen konnte. Kaum war die erste Schlaguhr bezeugt, wurde auch schon die erste Schauuhr fertig. 1354 war die erste Straßburger Münsteruhr vollendet. Sie war eine unerhörte Neuigkeit, ein einmaliges Kunstwerk, der Stolz und die Freude der ganzen Stadt. Sie zeigte nicht nur die ganzen und halben Stunden, den Kalender und die Bewegungen von Sonne und Mond, sondern auch die drei Weisen aus dem Morgenland. Sie verbeugten sich bei jedem Stundenschlag vor der Jungfrau Maria, während ein Hahn krähte und mit den Flügeln schlug.

Da konnte Nürnberg nicht zurückstehen. Dort saß Kaiser Karl IV auf seinem Thron. Wenn es Mittag schlug, ertönten Posaunen, die sieben Kurfürsten gingen um den Kaiser herum und verbeugten sich vor ihm.

Solche Schauuhren entstanden schließlich in vielen Städten am Rathaus und wurden erneuert oder nachgebaut, wenn sie verschlissen waren. In München zum Beispiel tanzen die Schäffler ihren Girlandentanz und in einem Reiterturnier wird ein Ritter totgestochen. In Esslingen am Neckar trägt das Alte Rathaus eine Schauuhr mit verschiedenen Figuren. Das untere Zifferblatt zeigt die Uhrzeit, das obere ist eine astronomische Uhr. Sie weist mit einem Sonnenzeiger auf den Ort des Tierkreises, wo zur Zeit die Sonne steht; ein Mondzeiger macht das gleiche für den Mond. Aus der wechselseitigen Stellung der beiden Zeiger ergibt sich, ob Vollmond, Halbmond oder Neumond ist. Ein dritter, doppelter Zeiger, der Drachenzeiger, weist auf die beiden Orte im Tierkreis, wo sich zur Zeit die Mond- und Sonnenbahn kreuzen, wo also bei Neumond eine Sonnenfinsternis und bei Vollmond eine Mondfinsternis stattfindet.

Über der astronomischen Uhr steht die Figur des Planeten, der den Tag regiert. Um Mitternacht rückt jeweils die nächste Figur nach. Die Ordnung ist allerdings ein wenig durcheinandergeraten. Sonntags erscheint anstelle der Sonne Jupiter. Donnerstags erscheint anstelle des Jupiter der Mond. Montags erscheint anstelle des Mondes eine Figur, die Neptun darstellen könnte, wenn dieser

Schauuhr, Astronomische Uhr, bewegliche Figuren und Glockenspiel am Alten Rathaus in Esslingen.

nicht erst 1846 entdeckt worden wäre, während die Uhr aus dem Jahre 1588 stammen soll. Zur Mittagsstunde zieht der ganze Reigen der Planeten einmal vorbei. Mit jedem Stundenschlag breitet der Adler unterhalb des Glockentürmchens die Fittiche zum Flügelschlag und winkt mit dem Kopf. Zugleich bewegen sich die beiden Figuren beiderseits des Planetenbildes: links Justitia mit dem Schwert und rechts Temperantia mit einem Trinkgefäß. Man mag sich fragen, was die Temperantia eigentlich mit dem Trinkgefäß vorhat.

Wir müssen bedenken, daß die scheinbare Lebendigkeit solcher Figuren die Menschen zu dem Trugschluß verführte, daß auch hinter dem Leben nur ein kunstvoller Mechanismus stecke, eine Anschauung, die in weiterentwickelter Form auch heute noch die Geister beherrscht. Man dachte also, auch die Tiere seien nichts weiter als raffiniert gebaute Automaten, wie es später um 1748 Lamettrie in seinem Werk »L'homme machine« sogar vom Menschen behauptete.

Als Descartes 1649 einer Einladung der Königin Christine von Schweden nach Stockholm gefolgt war, versuchte er, seiner gelehrten Schülerin diese Ansicht klar zu machen. »Die Tiere sind nichts weiter als Maschinen. Die Natur handelt gemäß ihren Trieben in ihnen, so wie man es an einer Uhr sieht, die aus nichts anderem besteht als aus Rädern und was sonst noch dazugehört, und die dennoch die Zeit und die Stunden genauer zu zählen vermag als der Mensch mit seiner Klugheit.« Die Königin war nicht ganz damit einverstanden. Sie suchte nach einer Entgegnung, zögerte ein wenig und sagte dann mit feinem Lächeln, indem sie Descartes ihre Taschenuhr reichte: »Machen Sie doch, daß sie Junge bekommt.«

Die Räderuhren waren anfangs sehr groß und schwer. Aber bald wurden sie kleiner und leichter und stiegen von den Türmen herunter, zunächst in die Paläste der Könige und Fürsten. Sie bekamen ein Zifferblatt und einen Stundenzeiger, wie man es beispielsweise noch im Dogenpalast in Venedig sehen kann. Die Tischuhren gestaltete man zu wertvollen prunkenden Kunstwerken und verband sie wie die Schauuhren der Rathäuser mit astronomischen Uhren und mechanischen Spielwerken, unter denen die eigentliche Uhr fast verschwand. Die Fantasie kannte keine Grenzen. Die Hochblüte dieser Kunst war im 16. Jahrhundert.

So thronte beispielsweise eine Uhr auf einem Elefanten, der zur ganzen Stunde Kopf und Schwanz

Flötenuhr des Verfassers. Die 25 Pfeifen spielen zu jeder Stunde ein anderes kleines Volkslied.

bewegte, während der Treiber die Peitsche schwang.

Bei einer anderen führte ein kleiner Bär einen Vogel Strauß, der mit den Flügeln schlug, den Schnabel bewegte und die Augen rollte. Zur Viertelstunde drehte der Bär den Kopf und öffnete ein- bis viermal das Maul. Zur Weckzeit trommelte er.

Eine andere war in einen Vogel eingebaut, der zur vollen Stunde pfiff und im Takt dazu den Schnabel, die Flügel und die Augen bewegte. Am After öffnete sich eine kleine Klappe, durch die eine der Stunde entsprechende Zahl von Kugeln fiel. Das Zifferblatt mit dem Stundenzeiger trug er auf der Brust. Das Drumherum war wichtiger geworden als die Uhr selbst.

Wertvolle Uhren dieser Art wurden häufig von Königen und Fürsten als Staatsgeschenk verwendet.

Eine einfachere, sozusagen bürgerliche Form davon ist die heute noch beliebte Kuckucksuhr.

Es gab auch Reiter, Seiltänzer, marschierende Soldaten, Pfeile verschießende Amorfiguren, Kameltreiber, Knödelesser, Paukenschläger, schießende Kanoniere, singende Käfigvögel und ähnliches.

Aber vor allem machten die Uhren Musik. Da Musik so etwas wie ein kunstvoller Schmuck der Zeit ist, steht es den Uhren wohl an, sich auch mit

Musik zu schmücken. Die Glockenspiele der Rathausuhren entzücken sogar noch die heutigen Menschen und veranlassen sie, trotz aller Eile ein paar Minuten stehen zu bleiben. Es gab auch Trompeten- und Harfenuhren. Aber am reizvollsten sind die Flötenuhren, die es seit 1790 gibt. Sie lassen zu bestimmten Stunden eine kleine automatisch spielende Pfeifenorgel laufen. Joseph Haydn war sich nicht zu gut, um einige ganz reizende Stückchen eigens dafür zu komponieren.

Die Entwicklung der Uhren ging in drei Richtungen weiter: sie wurden kleiner, wurden verschiedenen Zwecken angepaßt und sie wurden genauer.

Peter Henlein baute zu Anfang des 16. Jahrhunderts seine »Nürnberger Eier«, also die ersten Taschenuhren. Sie haben sich seither so weit verkleinert, daß eine moderne Damenarmbanduhr ein feinwerktechnisches Kunstwerk höchsten Ranges ist, dessen Einzelteile nur noch mit der Lupe zu unterscheiden sind.

Für besondere Zwecke baute man außer den Weckeruhren, von denen schon die Rede war, auch Repetieruhren. Das sind Taschenuhren, die auf Knopfdruck die letzte Stundenanzeige durch feine Glockenschläge wiederholen. Man brauchte sie,

Uhrwerk mit vielstimmigem Glockenspiel.
(St. Georgen, 1900)

um nachts die Zeit festzustellen; denn es war früher nicht so einfach wie heute, Licht zu machen, und Leuchtziffern gab es auch noch nicht. Ein französischer Marquis hat zu diesem Zweck eine Gewürzuhr erfunden. Die Ziffern des großen Blattes waren vertieft und mit allerlei Gewürzen gefüllt, jede Stundenziffer mit einem anderen. Wenn nun der Marquis nachts die Zeit wissen wollte, brauchte er kein Licht. Er suchte mit dem Finger die Spitze des Zeigers, tupfte ein wenig von dem nächstliegenden Gewürz auf und führte es zum Munde. Und wenn ihn sein Gedächtnis nicht im Stich ließ, welcher Stunde Vanille oder Zimt, Muskat oder Nelke zugeordnet war, wußte er die Uhrzeit.

In puncto Genauigkeit war man zunächst zufrieden, wenn eine Uhr am Tag auf ein paar Minuten genau ging. Geringere Zeitunterschiede waren am Stundenzeiger ohnedies nicht festzustellen. Seither ist der Fehler der genauesten Räderuhren, der Chronometer, die man zur Bestimmung der geographischen Länge braucht, schon im 18. Jahrhundert auf weniger als eine halbe Sekunde am Tag gesunken. Heute laufen die Quarzuhren so genau, daß man mit ihnen nachprüfen kann, ob sich die Erde auch wirklich ganz gleichmäßig dreht.

Im Paradies schlug keine Stunde

Mit zunehmender Genauigkeit bekamen die Uhren mehr Zeiger, aber je mehr Zeiger sie hatten, desto weniger Zeit hatten wir. Im Paradies schlug keine Stunde. Adam hatte Zeit, so viel er wollte.

Dann kam die Sonnenuhr und mit ihr die Stunde. Kaum war eine Zeitordnung im alten Rom eingeführt, begannen schon die Klagen über die Hetzjagd und man sehnte sich nach der alten stundenlosen Zeit zurück. Plautus läßt einen seiner Helden klagen: »Mögen die Götter den verderben, der die Stunde ersann und die Sonnenuhr dazusetzte, die mir den Tag in Stücke reißt. Früher war der Bauch meine Uhr und von allen die beste und richtigste.« Was dieser Falstaff der Antike wohl zu einem Minutenzeiger gesagt hätte?

Aber da war es noch weit hin. Die Uhren bekamen ihn erst 1675. Bald darauf – 1720 – folgte ihm dann der rastlose Sekundenzeiger, man brauchte ihn für die genauen Chronometer. Er erschien aber auch auf den anderen Uhren.

Wozu? Was haben wir damit gewonnen?

Glockentaschenuhr, vor der Minutenskala bewegt sich die Stundenzahl als springende Ziffer. (Paris, um 1790)

Als Madame Sévigné um 1800 eine Uhr mit Sekundenzeiger geschenkt bekam, protestierte sie: »Nein! Eine Uhr mit Sekundenzeiger will ich nicht haben! Die hackt das Leben gar zu klein!«

Mit jedem schnelleren Zeiger scheint die Zeit rascher zu vergehen. Mit dem Stundenzeiger rückt sie ganz langsam vor, mit dem Minutenzeiger beginnt sie sichtbar zu laufen und mit dem Sekundenzeiger scheint sie zu rennen. »Tempus fugit« (die Zeit flieht) stand nun auf den Uhren.

Aber das Tempo der Zeiger ist nicht das Tempo der Zeit. Mark Twain hat in einer grotesk übersteigerten Geschichte geschildert, was ist, wenn wir uns unkontrolliert dem Lauf der Zeiger unterwerfen. Seine Uhr war von einem Pfuscher falsch reguliert worden und ging gewaltig vor. Nun hatte er für nichts mehr genug Zeit. Am Morgen fiel das Frühstück aus, weil es nach dem Rasieren schon Zeit war, an die Arbeit zu gehen. Dafür kam dann bald das Mittagessen, das er aber hastig hinunterschlingen mußte, weil ihn seine Uhr schon vor dem Nachtisch aufscheuchte. Als die anderen gemütlich zu Mittag aßen, mußte er schon ins Bett kriechen und als ihn seine Uhr um 6 Uhr weckte, gingen die andern erst ins Bett. Vom Sonntag hatte er gar nichts, der fiel ganz in die Nacht und zuletzt war für ihn im Februar schon August. Er erkältete sich gewaltig in seiner leichten Sommerkleidung, während die anderen noch Schlittschuh liefen. Anders gesagt: Wir dürfen uns von unserem leise tickenden Dämon nicht tyrannisieren lassen. Wenn wir in einer Stimmung sind, in der er uns besonders an das unwiederbringliche Verrinnen der Zeit erinnert, machen wir es vielleicht wie die Marschallin im Rosenkavalier, die manchmal aufsteht, mitten in der Nacht und die Uhren alle stehen läßt.

Die Zeit ist nicht nur dazu da, um mit rastloser Aktivität gefüllt zu werden. Wir brauchen auch die Besinnung; aber die schnellen Zeiger sind ihre Gegner.

Ein chinesisches Sprichwort sagt: »Eile ist die Feindin der Weisheit.«

Und ein anderes: »Kultur haben heißt Zeit haben.«

Wenn wir das unter der Fuchtel der drei Zeiger nicht vergessen, werden wir vielleicht sogar hundert Jahre alt wie die Spanierin Juana Rosa Arnaiz, von der Helga Pohl in ihrem Uhrenbuch erzählt. Sie war immer noch quicklebendig und von fast jugendlichem Aussehen, als ein Reporter sie nach dem Ge-

Pendule »Toilette der Venus«, Paris um 1770.

heimnis ihres Alters fragte. Die alte Juana nickte lächelnd: »Mein Geheimnis ist sehr einfach und ich glaube fest daran, daß ich ihm meine hundert Jahre zu verdanken habe.« Der Reporter wurde immer gespannter und erwartete ein Rezept mittelalterlicher Alchemie: Schildkrötenöl, Mandragora, Knabenkraut, Krötenblut. Aber was hörte er zu seinem Erstaunen? »Ich habe nie eine Uhr besessen, habe mich nie in meinem Leben beeilt und bin immer zu spät gekommen.«

Die Vorlagen für die Abbildungen der Seiten 15, 19, 31, 35, 43, 49, 57, 69, 73 stellte uns das Deutsche Uhrenmuseum in Furtwangen zur Verfügung. Seite 77 das Historische Uhrenmuseum Wuppertal. Seite 11, 23, 27, 39 entnahmen wir dem Werk »Das große Uhrenbuch« von Anton Lübke, Verlag Ernst Wasmuth, Tübingen. Umschlagfoto und Seite 61 von Annegret Bayer, Seite 53 und 65 vom Verfasser. Ganz besonders danken wir Herrn Prof. Mühe, Furtwangen und Herrn Lübke.